Abdelhafid Mimouni

A dupla devastadora do cobre e do zinco

Abdelhafid Mimouni

A dupla devastadora do cobre e do zinco

ScienciaScripts

Imprint

Any brand names and product names mentioned in this book are subject to trademark, brand or patent protection and are trademarks or registered trademarks of their respective holders. The use of brand names, product names, common names, trade names, product descriptions etc. even without a particular marking in this work is in no way to be construed to mean that such names may be regarded as unrestricted in respect of trademark and brand protection legislation and could thus be used by anyone.

Cover image: www.ingimage.com

This book is a translation from the original published under ISBN 978-620-6-70804-9.

Publisher:
Sciencia Scripts
is a trademark of
Dodo Books Indian Ocean Ltd. and OmniScriptum S.R.L publishing group

120 High Road, East Finchley, London, N2 9ED, United Kingdom
Str. Armeneasca 28/1, office 1, Chisinau MD-2012, Republic of Moldova, Europe
Printed at: see last page
ISBN: 978-620-8-03983-7

A dupla devastadora do cobre e do zinco

Autor: O Dr. Abdelhafid Mimouni é um investigador independente especializado em química de sistemas bioinorgânicos, com vasta experiência em síntese e caraterização macromoleculares. Obteve o seu doutoramento em química na Universidade de Paris XII em 1997 e um Diplôme d'Études Approfondies em sistemas bioinorgânicos na Universidade de Paris XI em 1993.

Resumo:

Este livro analisa em profundidade os desequilíbrios entre o cobre (Cu) e o zinco (Zn), bem como o envenenamento por metais, com especial destaque para o mercúrio. Ao destacar as fontes de contaminação, os efeitos na saúde, os mecanismos de toxicidade e as estratégias de desintoxicação, oferece uma compreensão holística destas questões cruciais. Salientando a importância da investigação em curso, apela a uma abordagem multidisciplinar para melhor compreender as interações entre os metais no corpo humano e desenvolver medidas de prevenção e tratamento mais eficazes. Este livro constitui, assim, um recurso essencial para profissionais de saúde, investigadores e decisores políticos envolvidos na proteção da saúde pública contra os perigos dos metais pesados.

Índice

Introdução

O equilíbrio entre o cobre (Cu) e o zinco (Zn) é um pilar fundamental da bioquímica e da saúde humana. Estes dois oligoelementos têm uma importância crucial numa vasta gama de processos biológicos, desde a catálise enzimática até à proteção contra o stress oxidativo. O cobre desempenha um papel essencial no funcionamento das enzimas envolvidas na respiração celular, na formação do colagénio e na defesa antioxidante, enquanto o zinco é um cofator indispensável para mais de 300 enzimas, nomeadamente envolvidas na síntese do ADN, no crescimento celular e na sinalização imunitária.

A regulação exacta do equilíbrio entre o cobre e o zinco é imperativa. Níveis inadequados ou desequilíbrios destes metais podem conduzir a uma multiplicidade de patologias, desde distúrbios metabólicos a doenças neurodegenerativas. Os mecanismos complexos que regem estas interações incluem proteínas de transporte, mecanismos de regulação hormonal e interações ambientais.

Esta introdução tem como objetivo realçar a importância crucial de manter um equilíbrio adequado entre o cobre e o zinco para a saúde humana. O excesso de cobre, como se observa na doença de Wilson, pode levar à toxicidade hepática e a danos neurológicos, enquanto a deficiência de cobre pode levar à anemia e a perturbações ósseas. Do mesmo modo, a carência de zinco pode provocar atrasos de crescimento e deficiências imunitárias, enquanto o excesso pode perturbar a absorção do cobre e induzir desequilíbrios minerais.

4

As interações entre o cobre e o zinco são igualmente influenciadas por outros oligoelementos, nomeadamente o selénio, que desempenha um papel crucial na saúde da tiroide e na desintoxicação de metais pesados como o chumbo (Pb) e o arsénio (As).

Este livro tem como objetivo explorar em profundidade os mecanismos bioquímicos que regulam o equilíbrio entre o cobre e o zinco, e as suas implicações para a saúde humana. Analisaremos também as patologias associadas a estes desequilíbrios, como a doença de Wilson e as intoxicações hepáticas, salientando o papel do selénio na manutenção deste equilíbrio e na desintoxicação dos metais pesados.

Os objectivos específicos deste livro são múltiplos. Pretendemos clarificar os papéis biológicos do cobre e do zinco, analisar as patologias ligadas aos seus desequilíbrios, explorar as funções do selénio e propor abordagens terapêuticas baseadas em investigações recentes.

Como bioinorganista de formação, o meu objetivo é apresentar esta informação de uma forma clara e acessível, mantendo o rigor científico necessário para um público especializado. Este livro destina-se a investigadores, profissionais de saúde e a todos os interessados na bioquímica dos metais e no seu impacto na saúde humana.

Capítulo 1: Biologia e química do cobre e do zinco

O cobre (Cu) e o zinco (Zn) são oligoelementos essenciais à vida, desempenhando papéis diversos e cruciais em numerosos processos biológicos. A sua presença e função no corpo humano são finamente reguladas para manter a homeostasia e evitar qualquer desequilíbrio que possa prejudicar a saúde.

O papel biológico do cobre : O cobre exerce uma influência significativa em várias funções biológicas. É necessário como cofator para várias enzimas, incluindo a citocromo c oxidase, um componente essencial da cadeia respiratória mitocondrial envolvida na produção de ATP. O cobre está também envolvido na biossíntese da hemoglobina e dos neurotransmissores, regula o metabolismo do ferro e promove a pigmentação da pele e do cabelo. No sistema nervoso central, o cobre está envolvido na mielinização dos neurónios e na função neuronal, desempenhando um papel crucial no desenvolvimento cognitivo. O cobre é também necessário para a formação da córnea e para a saúde ocular, onde está envolvido na síntese de colagénio e elastina, ajudando a manter a estrutura e a função dos tecidos oculares.

Papel biológico do zinco: O zinco é um oligoelemento essencial envolvido numa vasta gama de funções biológicas. Como cofator de numerosas enzimas, o zinco está envolvido em processos como a regulação da transcrição dos genes, a replicação do ADN e a estabilização das membranas celulares. É também crucial para o crescimento, a diferenciação e a função imunitária das células. Nos olhos, o zinco está concentrado na retina e no cristalino, onde desempenha um papel essencial na função visual, participando na síntese da rodopsina, o pigmento visual necessário para a visão nocturna.

Metabolismo e distribuição no corpo humano: O cobre e o zinco são absorvidos a partir do intestino delgado através de mecanismos de transporte específicos e são depois distribuídos por todo o corpo através da corrente sanguínea. O fígado desempenha um papel central no metabolismo do cobre, enquanto o zinco é armazenado principalmente nos músculos, ossos, próstata e pele. A regulação exacta da sua concentração intracelular é assegurada por proteínas de transporte especializadas e por mecanismos de regulação hormonal.

Interação entre o cobre e o zinco: Embora o cobre e o zinco desempenhem funções biológicas distintas, partilham vias metabólicas comuns e podem, por isso, interagir no organismo. Estas interações podem ser competitivas, cooperativas ou antagónicas, dependendo do contexto fisiológico. Por exemplo, um excesso de zinco pode interferir com a absorção de cobre, enquanto uma deficiência de zinco pode levar a um aumento da absorção de cobre para compensar.

Em conjunto, estes aspectos sublinham a importância crucial do cobre e do zinco na manutenção da saúde humana, bem como a complexidade das suas interações no organismo. Um conhecimento aprofundado da sua biologia e química é essencial para compreender potenciais desequilíbrios e desenvolver estratégias terapêuticas eficazes.

Capítulo 2: Desequilíbrios Cu/Zn e patologias associadas

1. Definição e causas dos desequilíbrios Cu/Zn

Os desequilíbrios entre o cobre (Cu) e o zinco (Zn) no organismo podem resultar de uma série de factores, incluindo dietas desequilibradas, perturbações metabólicas, problemas de absorção intestinal e até interações medicamentosas. Estes desequilíbrios perturbam os processos bioquímicos essenciais regulados por estes metais, afectando o funcionamento geral do organismo.

2. Consequências para a saúde

Os desequilíbrios entre o cobre e o zinco podem ter consequências nefastas para a saúde devido ao seu papel crucial em muitos processos biológicos. O zinco é um cofator de numerosas metaloenzimas envolvidas em reacções enzimáticas essenciais, como a superóxido dismutase (SOD), que protege as células contra os danos oxidativos, e a carboanidrase, necessária para o equilíbrio ácido-base. O cobre, por seu lado, é necessário para o funcionamento de metaloenzimas como a citocromo c oxidase, envolvida na cadeia respiratória mitocondrial, e a lisil oxidase, crucial para a formação do colagénio e a integridade dos tecidos.

3. Efeitos no sistema imunitário

O zinco desempenha um papel essencial no funcionamento ótimo do sistema imunitário, regulando a proliferação e a diferenciação das células imunitárias, bem como a resposta inflamatória. É igualmente necessário para a atividade de certas metaloenzimas envolvidas na resposta imunitária, como a timulina, que regula a maturação dos linfócitos T. Um desequilíbrio na relação Cu/Zn pode comprometer estas funções imunitárias, aumentando o risco de infecções e de respostas imunitárias disfuncionais.

4. Impacto neurológico

O zinco está envolvido na neurotransmissão e na plasticidade sináptica, enquanto o cobre é necessário para a formação de neurotransmissores como a dopamina e a noradrenalina. Os desequilíbrios entre o cobre e o zinco podem perturbar estes processos neuroquímicos, contribuindo para o desenvolvimento de perturbações neurológicas como a doença de Alzheimer, a doença de Parkinson e perturbações do humor.

5. Efeitos na pele e no cabelo

O zinco é necessário para a síntese do colagénio, a cicatrização das feridas e a regulação da secreção sebácea, o que o torna um elemento crucial para a saúde da pele. Ajuda igualmente a regular a proliferação dos queratinócitos, as células que constituem a epiderme. Os desequilíbrios entre o cobre e o zinco podem comprometer estes processos, conduzindo a perturbações dermatológicas como o acne, o eczema e a dermatite. Além disso, o excesso de cobre pode perturbar o equilíbrio dos melanócitos, conduzindo a uma pigmentação anormal da pele.

Capítulo 3: Doença de Wilson e intoxicação hepática

A doença de Wilson é uma doença hereditária do metabolismo do cobre, caracterizada por uma acumulação excessiva de cobre em vários tecidos, nomeadamente no fígado e no cérebro. A doença resulta de uma mutação no gene ATP7B, que codifica uma proteína envolvida no transporte do cobre.

Fisiopatologia da doença de Wilson: A mutação do gene ATP7B leva a uma deficiência no transporte de cobre no fígado, onde o cobre é normalmente excretado na bílis. Como resultado, o cobre acumula-se progressivamente no fígado, causando danos hepáticos e aumento da libertação de cobre na corrente sanguínea. O excesso de cobre deposita-se então noutros órgãos, como o cérebro, os rins e as córneas, levando à disfunção destes tecidos.

Sintomas e diagnóstico: Os sintomas da doença de Wilson variam consoante o órgão afetado pela acumulação de cobre. No fígado, os sintomas podem incluir hepatomegalia (fígado aumentado), iterícia, ascite (acumulação de líquido no abdómen) e testes de função hepática anormais. Os sintomas neurológicos incluem tremores, distonia, perturbações do movimento e alterações da personalidade. O diagnóstico baseia-se em análises ao sangue para avaliar os níveis de cobre e ceruloplasmina, bem como em testes genéticos para detetar mutações no gene ATP7B.

Tratamento e gestão: O tratamento da doença de Wilson tem como objetivo reduzir a acumulação de cobre no organismo e prevenir as complicações associadas. Baseia-se geralmente na administração de quelantes de cobre, como a D-penicilamina ou a trientina, que se ligam ao cobre e promovem a sua excreção pelos rins. Podem também ser recomendadas dietas com baixo teor de cobre. Em casos graves, pode ser necessário um transplante hepático para substituir o fígado que está a falhar.

Impacto do excesso de cobre no fígado: A acumulação de cobre no fígado pode levar a inflamação crónica, fibrose hepática e, por fim, cirrose. O excesso de cobre promove a formação de radicais livres, que danificam as células do fígado e agravam a inflamação. O cobre também interfere com o metabolismo dos lípidos e dos hidratos de carbono, perturbando as funções metabólicas normais do fígado.

Casos de envenenamento do fígado devido ao cobre: Para além da doença de Wilson, o envenenamento do fígado devido ao cobre pode ocorrer em caso de ingestão excessiva de cobre, frequentemente através de fontes como suplementos alimentares, água contaminada ou panelas de cobre não revestidas. Os sintomas incluem dores abdominais, náuseas, vómitos, insuficiência hepática aguda e, em casos graves, choque hepático potencialmente fatal.

Capítulo 4: O papel do selénio na saúde

O selénio, um oligoelemento essencial, é de importância vital para a manutenção de uma saúde óptima nos seres humanos. A sua influência estende-se a vários processos metabólicos, nomeadamente na função tiroideia e nas suas interações com outros minerais, como o cobre e o zinco.

O metabolismo do selénio envolve uma série de reacções enzimáticas que são cruciais para o corpo humano. Estas enzimas, como a glutationa peroxidase, desempenham um papel vital na proteção das células contra os danos oxidativos, ajudando a reduzir o risco de doenças cardiovasculares, cancro e doenças neurodegenerativas.

Mais especificamente, o selénio é um componente essencial das hormonas da tiroide, em particular da tiroxina (T4), um precursor direto da triiodotironina (T3), que regula o metabolismo basal e o crescimento. Enquanto cofator enzimático, o selénio é essencial para a conversão da T4 inativa em T3 ativa na glândula tiroide, garantindo assim um equilíbrio hormonal ótimo.

O selénio também interage estreitamente com outros oligoelementos, como o cobre e o zinco. Esta inter-relação é crucial para manter a homeostase mineral no organismo. Os desequilíbrios nestas interações podem conduzir a uma série de patologias, incluindo disfunções da tiroide, alterações do sistema imunitário e perturbações metabólicas.

Em resumo, o selénio desempenha um papel central na manutenção de uma saúde óptima, actuando a vários níveis para proteger contra as doenças e assegurar o bom funcionamento de vários processos fisiológicos.

Capítulo 5: Manutenção do equilíbrio Cu/Zn com selénio

O selénio desempenha um papel crucial na manutenção do equilíbrio entre o cobre (Cu) e o zinco (Zn) no organismo, assegurando o bom funcionamento de numerosos processos bioquímicos.

Os mecanismos bioquímicos subjacentes a esta complexa regulação envolvem principalmente a ação de selenoproteínas, como a selenoproteína P e a glutationa peroxidase, que actuam como mediadores no metabolismo do cobre e do zinco. Estas proteínas estão envolvidas na desintoxicação de metais pesados, modulando a atividade enzimática e protegendo contra danos oxidativos.

Estudos e investigações actuais sublinham a importância deste delicado equilíbrio entre o cobre, o zinco e o selénio para a saúde humana. Os desequilíbrios nestas interações podem contribuir para o desenvolvimento de doenças como os distúrbios neurodegenerativos, as doenças cardiovasculares e os distúrbios metabólicos.

As implicações para a saúde são vastas e complexas. Uma ingestão adequada de selénio, cobre e zinco é essencial para manter a homeostase mineral e prevenir deficiências nutricionais. Estudos clínicos demonstraram também que os suplementos de selénio podem melhorar os parâmetros de saúde em indivíduos com desequilíbrios minerais.

Os estudos de caso fornecem exemplos concretos dos efeitos benéficos da suplementação com selénio na manutenção do equilíbrio Cu/Zn. Intervenções nutricionais específicas podem ajudar a corrigir desequilíbrios minerais e melhorar a saúde geral dos indivíduos, oferecendo perspectivas promissoras para a gestão de perturbações associadas a estas interações minerais complexas.

Capítulo 6: Desintoxicação de metais pesados

A desintoxicação de metais pesados é um processo vital para a saúde humana, uma vez que estas substâncias podem conduzir a graves problemas de saúde se se acumularem no organismo. O selénio desempenha um papel central neste processo, actuando como um elemento-chave na neutralização e eliminação de metais tóxicos.

O selénio exerce a sua ação desintoxicante principalmente através das suas interações com enzimas selenoproteicas, como a glutationa peroxidase e a tioredoxina redutase. Estas enzimas estão envolvidas na desintoxicação dos metais pesados, catalisando reacções de desintoxicação, reduzindo assim os danos oxidativos causados por estas substâncias tóxicas.

Os mecanismos de ação do selénio na desintoxicação dos metais pesados são complexos e multifactoriais. Para além das suas propriedades antioxidantes, o selénio pode formar complexos com determinados metais pesados, facilitando a sua excreção pelas vias urinária ou biliar.

Estudos exaustivos examinaram os efeitos do selénio na desintoxicação do chumbo (Pb), do arsénio (As) e do mercúrio (Hg), três metais pesados habitualmente associados a problemas de saúde ambiental. Estes estudos demonstraram que o selénio pode reduzir os efeitos tóxicos destes metais, reduzindo a sua biodisponibilidade e melhorando a sua excreção.

Para além do selénio, outros elementos desempenham também um papel importante na desintoxicação dos metais pesados, nomeadamente o zinco, o cobre e o enxofre. Estes elementos interagem de forma complexa para neutralizar e eliminar os metais tóxicos do organismo, o que sublinha a importância de uma alimentação equilibrada e rica em nutrientes para apoiar os processos de desintoxicação.

Em conclusão, o selénio é um elemento essencial na desintoxicação dos metais pesados, actuando como antioxidante e facilitando a eliminação destas substâncias tóxicas. A compreensão dos mecanismos subjacentes a esta ação pode ajudar a desenvolver estratégias de prevenção e tratamento de doenças relacionadas com a exposição a metais pesados.

Capítulo 7: Efeitos tóxicos do mercúrio (Hg)

O mercúrio, um elemento químico omnipresente no ambiente, apresenta riscos significativos para a saúde humana quando absorvido em excesso. Esta secção examina as diferentes fontes de contaminação por mercúrio, destacando alimentos como o atum e o peixe, bem como os níveis de tolerância permitidos.

Panorâmica das fontes de mercúrio no ambiente e nos géneros alimentícios

O mercúrio encontra-se no ambiente sob várias formas, incluindo o mercúrio elementar, inorgânico e orgânico. As principais fontes de contaminação incluem as emissões industriais, os resíduos eléctricos e electrónicos e as actividades mineiras. No entanto, uma fonte comum de contaminação alimentar é o mercúrio orgânico presente em certos tipos de peixe, como o atum, o tubarão e o espadarte. Estes peixes acumulam mercúrio devido à sua posição elevada na cadeia alimentar marinha.

Efeitos do mercúrio na saúde humana, nomeadamente no sistema nervoso, nos rins e no desenvolvimento neurológico.

A exposição ao mercúrio pode ter efeitos devastadores na saúde humana, nomeadamente no sistema nervoso central, nos rins e no desenvolvimento neurológico, especialmente em crianças e fetos em desenvolvimento. O metilmercúrio, uma forma orgânica do mercúrio, é particularmente preocupante porque pode atravessar a barreira hemato-encefálica e afetar o cérebro. Os sintomas de envenenamento por mercúrio incluem perturbações neurológicas, como tremores, perda de memória e dificuldades de aprendizagem.

Mecanismos de toxicidade do mercúrio no corpo humano

O mercúrio exerce os seus efeitos tóxicos perturbando os processos celulares e interferindo com as enzimas e proteínas essenciais para o funcionamento normal do organismo. Pode também induzir o stress oxidativo, danificando as células e os tecidos.

Possíveis interações entre o mercúrio, o cobre, o zinco e o selénio

Podem ocorrer interações complexas entre o mercúrio e outros elementos como o cobre, o zinco e o selénio. Por exemplo, o selénio pode ter um efeito protetor ligando-se ao mercúrio e reduzindo a sua toxicidade. No entanto, níveis elevados de mercúrio podem esgotar as reservas de selénio do organismo.

Métodos específicos de desintoxicação do mercúrio

Podem ser utilizados vários métodos de desintoxicação para reduzir a carga de mercúrio no organismo. Estes podem incluir quelantes de metais pesados, terapias de sauna e alterações alimentares para eliminar fontes de mercúrio.

Estudos de casos e exemplos práticos de envenenamento por mercúrio e medidas de desintoxicação:

Estudos de casos e exemplos concretos fornecem ilustrações dos efeitos do envenenamento por mercúrio na saúde humana, bem como estratégias de desintoxicação que podem ser implementadas para mitigar estes efeitos nocivos. Estes casos podem ajudar a consciencializar o público para os perigos do mercúrio e encorajar práticas de prevenção e tratamento adequadas.

Capítulo 8: Abordagens terapêuticas e preventivas

Este capítulo explora várias abordagens terapêuticas e preventivas para manter o equilíbrio de elementos como o cobre e o zinco, bem como para tratar eventuais desequilíbrios e intoxicações.

Estratégias para manter o equilíbrio Cu/Zn

O equilíbrio entre o cobre (Cu) e o zinco (Zn) é crucial para o bom funcionamento do corpo humano. As estratégias para manter este equilíbrio podem incluir modificações na dieta, suplementos específicos e gestão de factores de stress ambiental que podem perturbar esta delicada relação.

Suplementação com selénio

O selénio é um mineral essencial que desempenha um papel importante na proteção contra os efeitos nocivos dos metais pesados, como o mercúrio. A toma de suplementos de selénio pode ser uma estratégia eficaz para reduzir a toxicidade do mercúrio, promovendo a sua ligação e eliminação do organismo.

Dieta e nutrição

Uma dieta equilibrada e nutritiva pode contribuir significativamente para a prevenção de desequilíbrios e envenenamentos. As dietas ricas em fruta, legumes, cereais integrais e fontes de proteínas magras podem fornecer os nutrientes essenciais necessários ao bom funcionamento do organismo e à desintoxicação dos metais pesados.

Tratamentos médicos para desequilíbrios e envenenamentos

Em casos de desequilíbrio grave ou de intoxicação comprovada, pode ser necessário um tratamento médico específico. Este pode incluir a utilização de quelantes de metais pesados para eliminar as substâncias tóxicas do organismo, bem como terapias de apoio para aliviar os sintomas e restabelecer o equilíbrio fisiológico.

Conclusão

-Este livro explora em profundidade os vários aspectos dos desequilíbrios entre o cobre (Cu) e o zinco (Zn), bem como as intoxicações por metais como o mercúrio. Resumindo os principais pontos abordados, é evidente que a compreensão destes fenómenos é essencial para a preservação da saúde humana e do ambiente.

-Resumo   dos pontos principais

-Examinámos   as fontes de contaminação, os efeitos na saúde, os mecanismos de toxicidade e as abordagens terapêuticas para o cobre, o zinco e o mercúrio. As estratégias de prevenção, tratamento e desintoxicação foram discutidas em pormenor, salientando a importância de uma abordagem holística para gerir estes problemas.

-A importância da investigação em curso

-A investigação em curso   nesta área é crucial para aprofundar a nossa compreensão das complexas interações entre os metais no corpo humano, bem como para desenvolver métodos de deteção mais precisos e tratamentos mais eficazes. Além disso, é essencial efetuar estudos sobre os efeitos a longo prazo da exposição a metais pesados e sobre as melhores práticas de prevenção.

-Perspectivas futuras   para a gestão dos desequilíbrios Cu/Zn e do envenenamento por metais

As perspectivas futuras para a gestão dos desequilíbrios de cobre-zinco e do envenenamento por metais dependerão de uma abordagem multidisciplinar que envolva a colaboração entre profissionais de saúde, investigadores, decisores políticos e o público em geral. São necessários esforços concertados para promover políticas de saúde pública destinadas a reduzir a exposição ambiental a metais pesados e para aumentar a sensibilização para os riscos e as melhores práticas de prevenção.

-Em conclusão, este livro destaca a importância crítica de manter um equilíbrio saudável entre os metais no nosso ambiente e nos nossos corpos, ao mesmo tempo que sublinha a necessidade de investigação contínua e de uma ação concertada para proteger a saúde e o bem-estar de todos.

Glossário :

-Hereditária : geneticamente transmitida de uma geração para outra.

-Proteína   : Molécula constituída por aminoácidos que desempenha várias funções no organismo.

Quelantes   : Substâncias capazes de formar complexos estáveis com iões metálicos, tornando-os solúveis em água e facilitando a sua eliminação pelo organismo.

-Fibrose hepática : cicatrização excessiva do fígado devido a uma inflamação prolongada.

-Radicais livres   : moléculas instáveis que contêm um ou mais electrões não emparelhados, capazes de danificar as células ao reagirem com outras moléculas.

-Elemento vestigial   : Elemento químico essencial de que o organismo necessita em pequenas quantidades.

-Co-fator   : Substância não proteica necessária para a atividade enzimática.

-Homeostase   : A capacidade do organismo de manter um equilíbrio interno estável apesar das flutuações externas.

-Mielinização   : O processo de formação de mielina à volta das fibras nervosas para acelerar a transmissão dos impulsos nervosos.

Rodopsina: Pigmento visual sensível à luz presente nos bastonetes da retina, essencial para a visão com pouca luz.

-Metaloenzima: Uma enzima que contém um ião metálico no seu sítio ativo, necessário para a sua atividade catalítica.

-Resposta inflamatória : Reação do sistema imunitário a uma infeção ou lesão, caracterizada por um aumento da permeabilidade vascular, infiltração de células imunitárias e libertação de mediadores inflamatórios.

-Neurotransmissão: O processo pelo qual os neurónios comunicam entre si, envolvendo a libertação de neurotransmissores de uma célula pré-sináptica e a sua ligação a receptores específicos numa célula pós-sináptica.

-Queratinócitos : As células epiteliais que constituem a camada exterior da pele, produzindo queratina, uma proteína fibrosa que confere resistência e impermeabilidade à pele.

-Elemento vestigial : Elemento químico que o organismo necessita em quantidades muito pequenas para garantir o seu bom funcionamento.

-Enzima : Proteína que catalisa reacções químicas no organismo.

-Homeostase : O equilíbrio fisiológico interno do organismo.

-Disfunção da tiroide : funcionamento deficiente da glândula tiroide.

-Triiodotironina   (T3) : Hormona ativa da tiroide que desempenha um papel crucial no metabolismo energético.

-Tiroxina   (T4) : Hormona da tiroide inativa, precursora da T3

-Biodisponibilidade   : Capacidade de uma substância ser absorvida e utilizada pelo organismo.

-Excesso   : Processo de eliminação de substâncias indesejáveis ou tóxicas do organismo.

-Antioxidante   : Substância que protege as células contra os danos causados pelos radicais livres.

    -Quelantes de metais pesados: Substâncias que se ligam aos metais pesados no organismo, facilitando a sua eliminação.

-Suplementação   : A administração de nutrientes sob a forma de suplementos alimentares para compensar deficiências nutricionais ou apoiar a saúde.

    -Desequilíbrio nutricional   : uma condição em que os níveis de nutrientes essenciais no corpo são perturbados, o que pode levar a problemas de saúde.

-Desintoxicação   : O processo de eliminação de toxinas e substâncias nocivas do organismo, frequentemente efectuado pelo fígado e pelos rins.

-Metilmercúrio	: Uma forma orgânica altamente tóxica de mercúrio, frequentemente encontrada em peixes predadores como o atum e o espadarte.

-Quelantes de metais pesados: Substâncias que se ligam aos metais pesados no organismo, facilitando a sua excreção.

-Stress oxidativo	: desequilíbrio entre a produção de radicais livres e a capacidade do organismo para neutralizar os seus efeitos nocivos, o que pode provocar lesões celulares.

-Barreira hemato-encefálica	: barreira fisiológica que regula a passagem de substâncias entre a corrente sanguínea e o cérebro, protegendo o cérebro de substâncias tóxicas.

Referências :

Vallee BL, Falchuk KH. The biochemical basis of zinc physiology (A base bioquímica da fisiologia do zinco). Physiol Rev. 1993;73(1):79-118.

Lutsenko S, Barnes NL, Bartee MY, Dmitriev OY. Function and regulation of human copper-transporting ATPases. Physiol Rev. 2007;87(3):1011-1046.

Cousins RJ, Liuzzi JP, Lichten LA. Mammalian zinc transport, trafficking, and signals (Transporte, tráfico e sinais de zinco em mamíferos). J Biol Chem. 2006;281(34):24085-24089.

Haldimann M, Boeckx RL, Flatz G. Zinc absorption in humans: a kinetic model. Am J Physiol. 1995;269(2 Pt 1)

Prasad AS. Zinc in human health: effect of zinc on immune cells (Zinco na saúde humana: efeito do zinco nas células imunitárias). Mol Med. 2008 maio-Jun;14(5-6):353-7.

Uriu-Adams JY, Keen CL. Copper, oxidative stress, and human health (Cobre, stress oxidativo e saúde humana). Mol Aspects Med. 2005 Ago-Out;26(4-5):268-98.

Maret W. Zinco e doenças humanas. Met Ions Life Sci. 2013;13:389-414.

Squitti R. Disfunção do cobre na doença de Alzheimer: da meta-análise de estudos bioquímicos a uma nova visão da genética. J Trace Elem Med Biol. 2012 Mar;26(1):93-6.

Pal A, Prasad R. Zinco e seu papel na doença de Parkinson: uma revisão. J Neurosci Res. 2020 Mar;98(3):554-562.

Roberts EA, Schilsky ML; Associação Americana para o Estudo das Doenças do Fígado (AASLD). Diagnóstico e tratamento da doença de Wilson: uma atualização. Hepatology. 2008;47(6):2089-111.

Bull PC, Thomas GR, Rommens JM, Forbes JR, Cox DW. The Wilson disease gene is a putative copper transporting P-type ATPase similar to the Menkes gene. Nat Genet. 1993;5(4):327-337.

Ala A, Walker AP, Ashkan K, Dooley JS, Schilsky ML. Doença de Wilson. Lancet. 2007;369(9559):397-408.

Brewer GJ. Wilson's Disease: A Clinician's Guide to Recognition, Diagnosis, and Management [Doença de Wilson: Guia do Clínico para o Reconhecimento, Diagnóstico e Gestão]. Springer Science & Business Media; 2011.

Rayman, M. P. (2000). The importance of selenium to human health (A importância do selénio para a saúde humana). The Lancet, 356(9225), 233-241.

Schomburg, L. (2016). Selênio, selenoproteínas e glândula tireoide: interações na saúde e na doença. Nature Reviews Endocrinology, 14(3), 160-171.

Khan, M. A., Wang, F., & Iqbal, M. Z. (2019). Interação de metais pesados com selênio e seus mecanismos de absorção nas plantas. Em Selenium in Plants (pp. 279-300) Springer, Cham.

Khan, M. A., & Khan, S. (2017). Selênio: um potencial mitigador da toxicidade do arsênico. Arquivos de contaminação ambiental e toxicologia, 73(1), 21-31.

Brewer, G. J. (2015). Excesso de cobre, deficiência de zinco e perda de cognição na doença de Alzheimer. BioFactors, 41(1), 1-7.

Yanik, M., & Vural, H. (2005). Avaliação dos níveis de oligoelementos em pacientes com hipertensão essencial. The Journal of Trace Elements in Experimental Medicine, 18(3), 167-172.

Clarkson, T. W., Magos, L., & Myers, G. J. (2003). The toxicology of mercury-current exposures and clinical manifestations (A toxicologia do mercúrio - exposições actuais e manifestações clínicas). New England Journal of Medicine, 349(18), 1731-1737.

Grandjean, P., & Landrigan, P. J. (2006). Developmental neurotoxicity of industrial chemicals. The Lancet, 368(9553), 2167-2178.

Hightower, J. M., Moore, D., & Castillo, M. (2006). Levels of heavy metals in hair as an index of body burden (Níveis de metais pesados no cabelo como índice de carga corporal). Journal of Occupational and Environmental Medicine, 48(8), 772-779.

I want morebooks!

Buy your books fast and straightforward online - at one of world's fastest growing online book stores! Environmentally sound due to Print-on-Demand technologies.

Buy your books online at
www.morebooks.shop

Compre os seus livros mais rápido e diretamente na internet, em uma das livrarias on-line com o maior crescimento no mundo! Produção que protege o meio ambiente através das tecnologias de impressão sob demanda.

Compre os seus livros on-line em
www.morebooks.shop

Printed by Books on Demand GmbH, Norderstedt / Germany